AF461567

[AR]BORICULTURE

ET

DÉFRICHEMENT

1810 A 1840

PAR PHELIPPE BEAULIEUX

Avocat, membre de la Société académique de Nantes
de la Commission départementale d'Agriculture de la Loire-Inférieure
du Congrès central d'agriculture de Paris
du Congrès scientifique de France; de la Société archéologique départementale
de la Société nantaise d'Horticulture
de la Société des Beaux-Arts; du Comice Agricole de l'arrondissement
de Nantes; du Congrès de l'Association bretonne

At prius ignotum ferro quam scindimus æquor
Ventos et varium cœli prædiscere morem
Cura sit, ac patrios cultusque habitusque locorum
Et quid quæque ferat regio, et quid quæque recuset

Virg. *Georg.* lib. I

PARIS
DE L'IMPRIMERIE DE CRAPELET
9, RUE DE VAUGIRARD

1851

AVERTISSEMENT.

Non, mon intention n'est pas d'abuser de la patience du lecteur. S'il le peut, qu'il lise jusqu'au bout. Car ces essais d'arboriculture, qui ont précédé le défrichement de landes, ne sont, pour ainsi dire, que des jeux de notre jeunesse, qui avaient pour but d'en utiliser les loisirs. Pendant longtemps notre modestie les avait relégués comme tels dans l'obscurité qui leur convenait si bien, et où ils auraient dû rester pour toujours, et c'est contre notre gré, en cédant aux désirs des personnes du voisinage, que nous avons fini par leur donner place dans ce mémoire; peut-être aussi, à notre insu, avons-nous obéi à ce sentiment si naturel qui parle au cœur de l'homme pour le lieu de son enfance, et lui rappelle les premiers moments de la vie, ou peut-être encore nous sommes-nous senti ému d'une tendre affection pour ces jeunes arbres que nous avons plantés de nos mains, que nous avons vus croître, et dont nous allions, chaque jour, admirer la beauté si pittoresque. Leur existence aura une courte durée.... Quand la voirie vicinale continuera ses travaux sur ce point de la commune, ces jeunes végétaux tomberont, frappés par la cognée du prestataire, et disparaîtront du paysage dont ils sont le plus bel ornement. Simples jalons plantés çà et là, et qui semblent indiquer la série de nos travaux ultérieurs, puissent-ils, malgré cet exemple, rencontrer de nombreux imitateurs parmi les hommes adonnés à l'agriculture, et, n'en fût-il qu'un seul, mais un seul dévoué, ce serait assez pour donner l'essor dans chaque commune, surtout à l'est, au centre et à l'ouest de la France, c'est-à-dire dans cette circonscription qui en a le plus besoin, et nommée, à juste titre, la région des ajoncs, des bruyères et des landes.

ARBORICULTURE

ET

DÉFRICHEMENT.

Avant d'aborder le sujet de ce mémoire, et de démontrer le but que nous nous sommes proposé en le publiant, il convient peut-être de tracer une esquisse rapide sur ce qui concerne les terres incultes en France, les travaux agronomiques qui ont précédé notre époque, et enfin, sur les études générales et spéciales auxquelles nous nous sommes livré, pendant longtemps, avant l'introduction de la charrue dans les champs qui ont servi aux essais dont nous vous entretiendrons.

Dans cette entreprise, si quelque obstacle pouvait nous arrêter, c'est la multitude des mémoires qui ont paru depuis plus d'un siècle sur les défrichements des terres vaines et vagues, sans compter ceux qui pourront paraître encore. Mais la diversité des sols et des climatures, la variété des engrais, la différence des procédés de culture et des produits, tout prouve logiquement que cette matière si intéressante n'est pas encore épuisée. Nous avons repris courage et nous donnons la série de nos travaux, excités par les encouragements de nos collègues et par la pensée que ce labeur, si faible qu'il est, peut être utile à nos concitoyens.

Quand nous jetons les yeux sur le pays, nous demeurons tout étonné, au siècle où nous sommes, de l'étendue des terrains qui restent encore à défricher! Quelle immensité! quelle diversité de sols!... Au centre, à l'est, à l'ouest, des ajoncs, des bruyères, des coteaux, des landes, des marais, des montagnes, des plaines, des forêts sur le retour, des taillis aménagés à courtes ou longues périodes qui ne donnent que des produits défectueux; portion inutile du territoire, et qui pourrait devenir fertile pour l'avenir. L'agriculteur, par l'habileté de ses travaux, saurait convertir ces plaines en champs à céréales, en champs à racines fourragères, en prairies artificielles, en gras pâturages; ces coulées, en fertiles pacages; ces coteaux, en essences résineuses, en essences feuillues, en vignobles. Les autres sols plus propices ne pourraient-ils pas être utilisés par une culture mieux entendue, plus productive des arbres à fruits, tels que l'Abricotier, l'Alisier, le Cerisier, le Châtaignier, le Cormier, le Merisier, le Noyer, le Pêcher, le Poirier, le Pommier, le Figuier, le Prunier et la Vigne, et, en général, tous ces arbres qui donnent des récoltes si précieuses pour l'opulence des villes et l'indigence des campagnes?

Tous ces terrains sans culture, c'est-à-dire sans produits, au rapport de M. Huerne de Pommeuse, dans son excellent ouvrage sur les colonies agricoles, contiennent 7 185 475 hectares, chiffre qui équivaut à la septième partie du territoire de la France, et 16 417 354 hectares, suivant la statistique agricole de la France, par

Royer, c'est-à-dire, à plus d'un tiers de la surface cultivable du territoire. Ils sont situés dans un vaste périmètre de 1400 kilomètres qui renferme la Bretagne, l'Anjou, la Touraine, le Poitou, le Berri, le Bourbonnais, le Nivernais, la Champagne, l'Orléanais, le Maine, la Normandie, en suivant une ligne à partir de Saint-Nazaire, par Nantes, Ancenis, Angers, Saumur, Montmorillon, Chambon, Roanne, Nevers, Auxerre, Orléans, Blois, le Mans, Grandville et tout le littoral de la Bretagne jusqu'à Saint-Nazaire, point du départ. Il est vrai, que de coûteux, que de pénibles travaux sur ce sol avant de lui communiquer une fertilité encore peu soupçonnée! mais aussi, quel immense bénéfice pour l'avenir! Dans ces lieux, presque sauvages il y a quatre ou cinq siècles, habitait une population peu nombreuse, mal logée, à peine vêtue, qui n'osait, dans l'apathie de la misère, entreprendre des travaux de longue haleine ; nul parmi eux ne pouvait entrevoir ce qui surviendrait ; espérons, aujourd'hui qu'il règne quelque aisance en ces lieux, que le nombre des familles s'est accru, que la civilisation a commencé à répandre ses lumières bienfaisantes dans le cœur et l'esprit de l'homme, espérons, dis-je, que ces funestes préjugés contre la culture des terres vaines et vagues finiront par se dissiper peu à peu. En effet, n'étaient-ils pas alors le simple résultat de l'absence des capitaux, de la disette des engrais et de la faiblesse et de l'ignorance de la population?

Ces préjugés, assurément, ne furent pas sans avoir une certaine influence, même jusque sur l'esprit si éclairé des économistes du XVIIIe siècle. Ces citoyens estimables, auxquels la justice et la protection qu'ils méritaient à tant de titres n'ont pas été rendues encore par le pays, se sont toujours prononcés contre le système du défrichement des terres vaines et vagues, que les ordonnances des rois de France avaient prescrit en faveur des populations pauvres dans les campagnes. S'ils donnaient quelques raisons qui paraissaient assez bonnes à l'appui de cette opinion, ils en donnaient aussi d'autres qu'on ne pouvait admettre ; ils prétendaient, encore tout imbus des maximes des anciens, qu'il est plus profitable de *cultiver moins et de cultiver mieux*, précepte très-bon, sans doute, dans un pays peu peuplé, mais funeste dans un pays comme la France, où la population s'accroît si rapidement d'année en année. *Moins et mieux*, telle était la maxime de *Magon*. L'agronome de Carthage répétait continuellement aux cultivateurs africains, *il faut toujours que la terre soit plus faible que le cultivateur*. Ces deux préceptes, adoptés depuis, et reproduits par *Palladius*, en ces termes : *Fecundior est culta exigua, quam magnitudo neglecta*, étaient, en quelque sorte, devenus la doctrine qui guidait la science des économistes ; erreur fatale ! qui tendait à arrêter l'élan des cultivateurs modernes, et à laisser tomber à néant tous les travaux que nos aïeux avaient exécutés si lentement depuis le IXe siècle. A cette époque l'agriculture n'était-elle pas encore plongée dans les ténèbres de la barbarie?... et s'il existait quelques lieux privilégiés, n'était-ce pas seulement dans le voisinage des monastères?... Autour de ces nombreuses agglomérations des disciples de saint Basile, de saint Bernard et de saint Benoît, la culture était plus étendue, pratiquée avec plus de soins, à l'effet de retirer abondamment du sol la nourriture de chaque jour. Les abbés, guidant les travaux des serfs et l'inexpérience des vassaux, finirent par déterminer le défrichement des terres vagues et la destruction des futaies et des forêts qui couvraient une grande partie de la France ; et ces travaux, utiles s'ils n'eussent sans cesse été interrompus par les guerres, les séditions des habitants, les envahissements du territoire et les rivalités des suzerains, auraient amené les plus heureux résultats.

Les lois des Francs et les Capitulaires de Charlemagne *de Villis Fisci*, n'avaient pas discontinué de favoriser l'agriculture. A cette époque, le clergé possédait la majeure partie des domaines. Chaque domaine était peuplé et cultivé par de nombreux vassaux. Nous en citerons seulement deux exemples, le monastère de Saint-Martin d'Autun, et l'abbaye de Saint-Riquier, célèbres tous les deux par leur richesses et les dons des fidèles. Ce fut à peu près vers le XIIe siècle que le législateur s'occupa davantage des habitations du cultivateur. Cet exemple, qui devait rencontrer tant d'imitateurs, fut donné par le vénérable Suger, ce digne ministre de Louis le Gros, et depuis abbé de Saint-Denis. Jusqu'alors les hommes attachés à la culture n'avaient eu pour refuges que des huttes en bois, en paille, en terre, au milieu des champs, où ils tâchaient d'abriter leurs fatigues, leurs misères et leurs maladies. Deux rois, en Portugal, vivant au XIVe siècle, s'occupèrent continuellement de l'agriculture, et furent honorés par leurs sujets du titre de *Rois laboureurs* ; leurs noms méritent d'être cités dans cet opuscule : l'un fut *Denis Ier*, et l'autre *Sanche Ier*, monarques dont la mémoire est toujours restée chère aux habitants de la péninsule hispanique. Vers cette époque, la Lombardie et le Piémont furent redevables aux religieux de l'ordre de Saint-Benoît de leurs plus beaux succès en agriculture, par l'établissement de nombreuses et vastes prairies au moyen des irrigations. Nous admirons encore aujourd'hui ces travaux d'art si remarquables par leur importante et savante construction. Ces cultivateurs surent habilement profiter de la chaleur du soleil, de la fertilité du sol et de l'abondance des sources et des pluies, pour obtenir les récoltes les plus belles et les plus surprenantes.

Mais, il était réservé au XVIe siècle de donner, en France, l'essor le plus énergique à l'agriculture, grâce aux encouragements d'un ministre éclairé. *Sully*, cet illustre protecteur de la science agricole, rappelait continuellement au prince de Béarn *que le labouraige et le pasturaige étoient les deux mamelles de l'Estat.* Sous cette sage administration, *Olivier de Serres*, seigneur du *Pradel,* publia le *Théâtre d'agriculture et mesnage des champs.* Ce livre, si remarquable pour l'époque où il parut, donna un vigoureux élan sur tous les points du royaume. Nous devons ajouter aussi que cet exemple fut imité dans plusieurs États de l'Europe. Seulement pour ce qui concerne notre agriculture, les défrichements des terres et des bois furent fréquemment encouragés par les ordonnances royales.

D'abord, nous devons mentionner Louis XII, qui dégreva l'agriculture des impôts les plus pesants : Henri IV, qui, par un édit en date du 8 avril 1599, enregistré le 15 novembre au parlement de Paris, accorda des exemptions et des priviléges à proportion de l'utilité des cultures et des travaux ; Louis XIII, qui fit enregistrer, le 25 août 1613, un édit en faveur de l'agriculture ; Louis XIV, qui donna deux déclarations, l'une le 4 mai 1641, et l'autre le 20 juillet 1643, puis l'ordonnance de 1669 sur les eaux, bois et forêts, avec un édit, sous la date de novembre 1687; Louis XV, qui fit publier deux déclarations, le 15 juin 1764, et le 13 août 1766, suivies de lettres patentes du 30 mai 1767; puis, autre déclaration du 29 avril 1768, et arrêté du conseil du 12 janvier 1772; et enfin Louis XVI, qui manifeste ses intentions par une déclaration, le 7 novembre 1775; ces divers actes, édits et ordonnances, forment une législation à peu près complète, en y adjoignant les lois de 1790, et de 1796, qui exemptent d'impôts les défrichements pendant vingt ans.

Les esprits les plus sages, malgré les préjugés de l'école physiocratique, apprécièrent si vivement ce nouveau bienfait de la législation, qu'un d'entre eux, un Nantais que nous devons signaler, l'honorable *Montaudouin de La Touche*, riche négociant, fonda en 1757, dans sa ville natale, une société d'agriculture, la première qui ait existé en France. Elle avait pour but, principalement, le défrichement des landes en Bretagne. Cette conception de bienfaisance et de patriotisme porte son éloge avec elle. Cet exemple fut promptement imité; des associations et des correspondances s'organisèrent rapidement en Bretagne et dans plusieurs autres provinces. Angers, Caen, Lille, Strasbourg, Versailles, se signalèrent. Enfin, six années après, c'est-à-dire en 1763, la France comptait cinquante-neuf sociétés d'agriculture, nombre qui dépasse le double à l'époque actuelle (1848).

Si cet élan, propagé par ces diverses sociétés, produisit alors des résultats heureux, toutefois, c'est à partir de 1790, et pendant les dix dernières années du dernier siècle, que se sont opérés les travaux les plus considérables de défrichements de bois, de landes, et des terres vagues. En outre, c'est à compter de cette époque que s'est introduite parmi nous la culture alterne, cette heureuse innovation qu'on ne saurait trop encourager, et qui a déjà donné une partie des bienfaits qu'elle avait promis.

Tout en désapprouvant le système des économistes, dans les parties qui nous semblent défectueuses, l'équité veut que nous déclarions que ce système, jusqu'à un certain point convenable, peut-être, pour le temps où il fut pratiqué, aurait indubitablement été abandonné par ses auteurs, s'ils eussent été nos contemporains, et surtout s'ils eussent vécu au milieu des événements politiques et des circonstances que nous avons vus tour à tour se succéder dans le pays. C'était une faute grave, s'il en fut, que de proclamer spécialement la culture trop variable en valeur des céréales[1], au détriment de l'élève du gros et

[1] Il peut être curieux de savoir à quelles années nous pouvons comparer celle-ci (1847) pour la cherté du blé, en parcourant le tableau général des mercuriales; voici ce que nous lisons, les quantités étant réduites à l'hectolitre et les monnaies au franc. En France, prix moyen :

25 fr.	en	1351, 1633, 1700, 1713.	36	—	1817.
26	—	1714, 1726, 1811.	38	—	1741.
27	—	1626, 1740.	39	—	1439.
28	—	1597, 1699, 1816.	40	—	1710.
30	—	1498, 1574, 1596.	42	—	1595, 1662.
31	—	1592.	43	—	1694.
32	—	1573, 1661.	44	—	1709.
33	—	1793.	52	—	1591.
34	—	1812.	61	—	1587, 1589.
35	—	1795.			

Ces trente années de cherté ne se trouvent que dans l'espace de six

menu bétail, de l'aménagement des bois, de l'établissement des prairies, de la culture des vignes, des arbres à fruits, et des autres branches de l'agriculture, non moins utiles aux besoins des citoyens qu'à la prospérité de l'État. L'abbé Rozier, en proclamant et enseignant qu'*il est plus profitable de semer moins et de mieux labourer, de cultiver une terre en culture plutôt qu'une terre inculte*, fut un des plus ardents propagateurs de ce système, faute grave, sans doute, qui doit être attribuée chez ce praticien si instruit, au spectacle trop fréquent de défrichements alors exé-

siècles, durant lesquels on est souvent descendu à un excessif bon marché. Voici, en effet, une série d'années qui font un grand contraste avec les précédentes.

Prix moyen : de 1 à 2 fr. en 1413, 1446, 1448, 1452, 1463, 1464, 1465, 1467, 1469, 1470, 1471, 1473, 1495, 1500, 1509, 1510, 1511.

De 2 fr. à 3 fr., en 1356, 1359, 1395, 1428, 1435, 1447, 1449, 1450, 1454, 1462, 1474, 1476, 1485, 1489, 1492, 1512, 1525, 1526.

De 3 fr. à 4 fr., en 1202, 1256, 1339, 1341, 1372, 1382, 1397, 1398, 1457, 1459, 1466, 1477, 1487, 1499, 1508, 1513, 1517, 1519, 1520.

De 4 fr. à 5 fr., en 1229, 1314, 1327, 1337, 1375, 1385, 1406, 1411, 1426, 1436, 1440, 1444, 1481, 1486, 1501, 1534, 1540.

De 5 fr. à 6 fr., en 1290, 1320, 1342, 1345, 1390, 1405, 1427, 1527, 1533, 1535, 1541, 1547, 1711.

De 6 fr. à 7 fr., en 1294, 1332, 1333, 1334, 1344, 1347, 1365, 1410, 1482, 1528, 1542, 1548, 1707, 1716, 1717.

De 7 fr. à 8 fr., en 1312, 1316, 1322, 1376, 1433, 1538, 1543, 1544, 1545, 1546, 1554, 1558, 1706, 1719.

De 8 fr. à 9 fr., en 1304, 1354, 1431, 1522, 1524, 1536, 1553, 1559, 1564, 1688, 1689, 1721, 1722.

De 9 fr. à 10 fr., en 1333, 1361, 1515, 1560, 1577, 1581, 1589, 1602, 1673, 1705, 1708, 1756, 1762, 1763.

Le prix le plus constant, celui qui compose 24 années, est de 11 fr. à 12 fr., en 1309, 1521, 1532, 1613, 1615, 1616, 1639, 1640, 1646, 1667, 1671, 1674, 1703, 1704, 1720, 1734, 1743, 1744, 1745, 1757, 1758, 1759, 1760, 1765.

(Notes extraites de l'*Histoire de l'Agriculture*, par Loudon.)

cutés sans expérience, sans soins, en épargnant les déboursés indispensables, et qui n'avaient pu rendre aucun produit avantageux. Néanmoins, s'il est admis que les exceptions ne peuvent porter atteinte aux généralités, l'abbé Rozier aurait dû attendre de nouveaux résultats, peut-être plus heureux, avant de se prononcer contre le but d'une législation bienfaisante, que tant de citoyens éclairés avaient réclamée depuis longtemps en faveur des habitants des champs.

Très-jeune encore, j'avais compris l'abus de ce système, fondé sur la culture des céréales, à une époque surtout où le fléau de la famine n'était plus à redouter parmi nous, comme au moyen âge [1]; et mon esprit était resté frappé de cette immensité de landes que j'avais remarquée autrefois, pendant mes fréquents voyages en Bretagne, à Blain, à Redon, à Rennes, à Dinan, à Saint-Malo, à Vannes, à Auray, à la Rochebernard, à Chateaubriant, à Savenay, à Ploermel et autres points du pays, et j'en avais rapporté de tristes souvenirs qui assombrissaient le séjour de ma maison des Croix. Mes esprits ne rêvaient continuellement que culture, défrichement, innovation que je voulais, dans mes instants de méditations, pratiquer comme essais, sur ce domaine paternel dans ses parties incultes,

[1] Voici les époques des famines remarquables en France ; sous le règne de Charlemagne et de ses successeurs, 779, 795, 820, 843, 845, 850, 855, 860, 861, 862, 867, 868, 869, 873, 874, 875, 876, 895. 899, 940, 945, 987, 989; famine terrible en 990, 992, 994, puis de 1001 à 1008, 1010, 1011, 1013, 1014, de 1021, à 1028. Maladies pestilentielles avec famine en 1031, 1035, 1042, 1045, 1046, 1053, 1059. Famine qui dure sept ans. De 1066 à 1360, on compte soixante dix-huit années qui ont éprouvé la famine à des intervalles plus ou moins éloignés : puis en 1380, 1420, 1590, 1725

avec l'intention, en cas de succès, de les appliquer plus tard aux terres sous landes de la commune. Je cherchais les moyens les plus simples, les procédés les moins dispendieux, de rendre au sol une fertilité si utile, si indispensable aux besoins d'une population nombreuse et pauvre, semblable à celles qui habitent la péninsule armoricaine, cette partie de la France encore hérissée de pierres druidiques, autour desquelles l'étranger remarque, se mouvant avec lenteur, un bétail aux formes amaigries, peu développées.

Comme j'habitais, en l'année 1820, ma terre des Croix, suivant la coutume, pendant les six mois de la belle saison, je méditais de faire quelques nouveaux essais en agriculture. Mes discours et mes études étaient sans cesse dirigés sur les procédés les plus praticables, dans le but de porter les habitants et les propriétaires à mettre un terme à la jouissance indivise de nos landes de *Sautron*[1], seul moyen de les rendre utiles aux besoins de la population. Vains conseils ! ces exhortations ne rencontraient partout, à cette époque, que des gens incrédules. L'instant de la conviction n'était pas encore venu. Eh ! que servent au laboureur les conseils du propriétaire qui ne cultive pas de ses propres mains, ou du moins qui n'a pas tenté de cultures ?... L'homme des champs est né praticien. Naturellement, il doit exiger des faits, avant de croire aux doctrines qu'on lui enseigne, et surtout aux systèmes nouveaux qu'on lui veut faire pratiquer....

Cependant cette incrédulité aurait dû cesser depuis plusieurs années, car, dès 1810, voulant convaincre mes voi-

[1] Commune de l'arrondissement de Nantes.

sins par des essais que chacun pût contrôler, je m'étais, bien jeune encore, livré à diverses tentatives de cultures. J'avais entrepris plusieurs semis de futaies et notamment un semis en Chênes (*Quercus robur, Quercus cerris* Lin.) sur la pente de la colline au midi des *Croix*, dans la partie qui joint les vallons baignés par le *Cens*, en amont de l'usine des *Moulins-l'Évêque*. Ce semis préparé avec soin, exécuté à grands frais, et resté enfoui pendant quelques années, parmi les herbes et les halliers, avait paru près de périr, mais, depuis, il a repris avec le plus grand succès[1].

Pour mon second essai, je plantai, en **1811**, à l'entour de la maison, quelques avenues d'Acacias (*Robinia pseudo-acacia* Lin.), d'Ormes (*Ulmus vulgaris* Lin.), de Peupliers (*Populus fastigiata* Lin.) et de Platanes (*Platanus orientalis* Lin.) ; ces diverses plantations ont fort bien réussi, quoique j'eusse à dessein mis en usage des procédés différents.

Je ne m'arrêtai point à ces deux essais. En **1813**, je fis rétablir le vieux clos de vigne, sur la colline, au sud du jardin potager. A de vieux cépages, branchus, couverts de mousses, élevés et sur le déclin, je substituai de jeunes plants d'excellente qualité (*Vitis vinifera* Lin.) Ces plants, aujourd'hui, sont devenus vigoureux, en plein rapport, et les vins qu'ils produisent ne manquent ni de li-

[1] Ce terrain précédemment sous vieilles futaies, était, au dire des praticiens et des théoriciens, déclaré inhabile à la culture *subite* du Chêne ; je tentai l'épreuve. Voyez mes réflexions sur le reboisement, ou nécessité de revenir à la culture du Chêne, brochure in-8. Mellinet, 1845.

queur, ni d'une certaine saveur accompagnée d'un bouquet fort agréable.

Ensuite, je me livrai exclusivement, pendant quelques années, à la culture du Peuplier d'Italie (*Populus fastigiata* Lin.), ce bel arbre de décoration, originaire de Lombardie, qui croît si rapidement dans nos climats[1]. J'en plantai une ligne, ligne circulaire, sorte de mobile rideau qui enveloppait les contours de l'étang dans le creux de la grande prairie, au nord de la vieille charmille. J'en fis planter ainsi quelques pieds dans les environs de la maison ; puis, dans les vallons du *Cens*, en amont et en aval des *Moulins-l'Évêque*, ce lieu si remarquable par son petit lac, son île de verdure et ses ondes limpides, paysage charmant qui convient si bien à la douceur des rêveries dans les beaux jours de l'automne. J'en fis planter encore quelques pieds parmi les touffes d'Aunes, de Coudriers et de Saules qui débornent les prairies solitaires du bois de Brosseau, ce site romantique, resserré entre deux collines, traversé par le *Cens*, et ombragé au sud par les vieux Chênes de la forêt, et protégé au nord par les grands Châtaigniers de la Barbotière.

Dès que ces divers travaux furent achevés, je me livrai à de nombreux essais sur la culture de l'Aune (*Alnus communis* Lin.). Cette essence est d'un fort bon produit dans la commune. J'en fis planter quelques centaines de brins sur mes prairies dans les vallons du *Cens*, et au bas des taillis de la *Paquelaie*, dans la partie que baignent

[1] La France est redevable de cet arbre aux soins de M. de Reigemortes. Cet honorable agronome en fit planter plusieurs lignes sur ses domaines le long du canal de Montargis.

les eaux de cette petite rivière. Le sol était devenu gras et frais par les débordements fréquents de l'hiver. La plantation réussit fort bien, quoique j'eusse pratiqué divers procédés, soit par la plantation à nu, soit par marcottes, soit par boutures, soit enfin par simples racines. Ces arbres, à présent, sont capables de servir aux plus gros ouvrages des tourneurs. Pour moi, ce n'était pas encore assez, je voulus tenter de nouveaux essais sur d'autres essences.

Je m'adonnai, en 1824, à la culture des arbres résineux. Sur mes pâtures de landes à *Châtillon*, je semai différentes espèces, telles que Pin maritime (*Pinus maritima* Lin.), Pin laricio (*Pinus laricio* Lin.), Sapin épicéa (*Pinus abies* Lin.), Sapin à feuilles d'if (*Pinus taxifolia* Lin.) De ces diverses plantations, quelques-unes seulement ont assez bien réussi. Quant aux autres qui étaient situées à l'écart, elles ont été détruites par la malveillance pendant les nuits d'hiver. Sans être découragé par ces dégâts, souvent renouvelés, je n'en persistai pas moins dans le cours de mes expériences ; je fis planter, en 1826, la vigne du *Petit Pelis,* sur la ferme de l'*Aubépin*. Il est vrai, le sol est médiocre, très-maigre, pierreux, l'eau s'écoule difficilement, c'est dire que la vigne n'y peut acquérir un plein succès. Néanmoins, ces cépages ont donné des produits assez abondants pour la localité.

L'année 1827 vit encore la continuation de mes travaux, dans la reprise de mes nouveaux essais de prédilection sur la culture du Chêne (*Quercus robur* Lin.). Je fis planter, à l'automne, une Chênaie, dans le champ de la *Grande Bésirais,* à l'ouest du verger. Cette culture, plus soignée que toutes les autres, obtint aussi un succès supérieur à mes précédentes[1].

Il ne restait plus, sur mon pourpris des *Croix*, qu'un hectare de terrain, terrain inoccupé, de peu de valeur, à cette époque. C'était le petit pré *Bésirais*, au nord du verger. Je le fis défricher en 1836. Après deux ans d'un labour régulier et d'un défoncement profond, exécuté sous ma direction, à mon compte, et après avoir recueilli deux abondantes récoltes, l'une de pommes de terre et l'autre de froment, je plantai ce sol alumineux et caillouteux, en cépages de Muscadet d'une qualité excellente (*Vitis Appiana*). Ce plant a fort bien réussi et le vin qu'il donne est léger, pétillant, sec, plein de feu, et rappelle les vins blancs si agréables du midi de la France.

Ces divers essais, depuis vingt-six ans, exécutés avec des soins convenables et marqués plus ou moins par des succès, finirent par attirer l'attention des cultivateurs du voisinage et devaient avoir pour résultat de produire la confiance, cette confiance que l'homme des champs veut avoir dans l'individu, avant d'ajouter foi à ses discours, surtout lorsqu'ils ont pour but de changer le système pratiqué par les pères et les aïeux.

A l'appui de ces faits, dont chacun pouvait retirer un enseignement utile, je proclamai hautement mes doctrines, mes procédés qui ne faisaient plus sourire les auditeurs. Cependant ces exhortations, écoutées continuellement avec une extrême attention, ne pouvaient décider encore ni le partage ni la culture de nos landes, cet objet de mes

[1] Ce terrain avait été, sous futaies, jusqu'en 1824, époque de l'abatage.

soins et de mes vœux. Il est dans le cœur de l'homme, une certaine routine qui ne peut être vaincue ni par l'expérience ni par le savoir, tandis qu'elle finit par céder facilement aux ordres de l'autorité.

En effet, c'est ce qui eut lieu en 1830. La politique du nouveau gouvernement remplaça les autorités municipales, comme elle le devait, sur tous les points de la France. La plupart de ces importantes fonctions étaient remplies par des citoyens âgés, peu capables, ou du moins imbus de doctrines arriérées, réprouvées par la majorité de la nation. Des hommes nouveaux, jeunes encore et animés des meilleurs sentiments pour les progrès de l'agriculture, entrèrent dans l'administration. Ce mandat me fut confié par le préfet, M. *Louis de Saint-Aignan* [1], d'après une pé-

[1] Le digne Louis de Saint-Aignan, ex-député de la Loire-Inférieure sous la Restauration, ex-préfet des Côtes-du-Nord, citoyen intègre, cœur généreux, s'il en fut jamais, et qui n'avait besoin de cette réponse, « ma place est à vous et ma conscience est à moi, » pour se faire apprécier de la France entière comme il le fut toujours de la Bretagne, où il était né. Le lendemain de la révocation du préfet des Côtes-du-Nord, un vieux paysan part de sa chaumière, arrive à Saint-Brieuc, attache son bidet à la porte de l'hôtel de la préfecture, monte les degrés, la valise sous le bras, demande M. Louis de Saint-Aignan. Il est introduit aussitôt : « Monsieur le préfet, dit-il, on vient de nous annoncer au village que vous étiez tombé en disgrâce, et que vous alliez quitter la ville ; nous avons tous, hommes et femmes, éprouvé un bien grand chagrin de votre départ. Si vous avez besoin d'argent, n'en faites pas faute : cette valise contient cent pistoles, mon unique avoir, prenez-les, je vous en prie, prenez-les.... » Le bon Louis de Saint-Aignan remercie, refuse, et serre avec une émotion inexprimable la main de ce généreux Breton. Le souvenir de cet acte de délicatesse était si bien resté dans sa mémoire, que chaque fois qu'il lui arrivait de le raconter, la même émotion se reproduisait dans le son de sa voix, et la même sensibilité se manifestait sur les traits de son visage. Il aimait à redire l'anecdocte du cultivateur de Saint-Brieuc.

tition que lui adressèrent les habitants et les propriétaires de *Sautron*. Dès cet instant, mes pensées et mes soins furent concentrés dans ce but unique de faire le bien-être d'une petite commune, séjour de mon enfance, et qui en avait le plus grand besoin. En première ligne, je plaçai le partage des landes dont l'étendue couvrait alors le tiers environ du territoire, trois cent soixante hectares. Je mis à profit l'autorité municipale pour décider la culture de ces terrains. Si la voix du propriétaire ne fut pas écoutée dix ans plus tôt, il n'en fut pas ainsi cette fois des conseils du magistrat. [1]

Seulement, pour début, quelques modiques cantons de landes, dans une partie de la section de *Bongarand*, furent partagés, enclos, défrichés, semés. Cet exemple ne fut pas sans avoir des imitateurs parmi les habitants de la section de la *Trimossière*, ensuite de la section de la *Roulière* et enfin dans celle des *Croix*.

Mais, s'il faut en convenir, tous ces défrichements, depuis 1830 jusqu'à 1838, exécutés très-imparfaitement par des cultivateurs timides à l'article des déboursés, n'ont produit en général que de faibles récoltes, tristes résultats plus capables de rebuter que d'encourager les cultivateurs à poursuivre cette œuvre de patience.

Si le découragement n'était pas général, la tiédeur du moins gagnait les esprits. L'agriculture, en France, et sur-

[1] Que le lecteur veuille bien pardonner à la longueur de ces détails. Notre modestie a hésité, et si elle a dû céder, ce n'est que dans le but de faire connaître les divers procédés que nous avons mis en œuvre pour réussir et d'engager d'autres cultivateurs à les imiter ; notre administration dura de 1830 à 1833.

tout en Bretagne, pays d'exception, demande des exemples plus que de savantes dissertations. C'était donc un essai qu'il fallait tenter, un essai définitif, un essai à ses risques et périls, sous les yeux de la commune entière, et je me déterminai à commencer cette nouvelle œuvre, œuvre de patience s'il en fut[1] ! Eh ! que n'avais-je pratiqué déjà sur chaque coin de mon domaine, à partir de 1810 !... N'importe. Je ne reculai pas devant ce nouvel effort, que je pensais être le dernier.

Je choisis un terrain convenable pour le début de mes essais de défrichement. Ce fut un canton de landes, à l'est des *Tertreaux* dans une belle position, sol élevé, en plein soleil, qualités qui, d'après un savant agronome de l'ancienne Rome[2], sont toujours à rechercher. Ce canton, jadis était connu sous le nom de l'*Épine-Mouffue*, parce que à l'angle, vers l'est, s'élevait une Aubépine ou Épine-blanche (*mespilus oxiacantha* Lin.) dont le tronc était remarquable par la grosseur et la bifurcation des rameaux non moins que par l'ampleur et l'élévation du branchage[3].

[1] Cette phrase exige une explication que je vais donner. Toutes mes exhortations pour la culture de nos landes, bois taillis sur le déclin, avaient besoin de quelques essais dans ces deux genres. C'est ce que j'ai cru devoir exécuter, d'abord sur la ferme de *Châtillon*, et ensuite sur les taillis de la *Paquelaie*. Plus tard, j'ai l'intention de publier un mémoire sur cette dernière exploitation. Ce nouvel essai s'est opéré par suite de l'arrachement des cépées, de la culture en champs à céréales, en prairies irriguées, en verger, en vigne, en oseraie, en saulaie, en aunaie, etc., car, il n'est rien de tel pour les récalcitrants que les essais, quand ils ont la chance de réussir.

[2] « Præterea, quod ab sole toto die, salubrior est. » Varron.

[3] Cet arbuste remarquable, suivant l'expression d'un ancien du pays qui l'a vu dans son enfance, était presque aussi élevé que le vieux moulin des Tertreaux, c'est-à-dire qu'il dépassait huit mètres de hauteur. Au

Au printemps cette Aubépine, couverte de ses jolies fleurs, s'épanouissait gracieusement, dans ce lieu solitaire où son éclatante blancheur servait de point de mire aux nombreux voyageurs qui parcouraient alors la route de Nantes à Blain[1], à peine tracée au milieu des ajoncs de ces landes.

Situé dans la partie orientale de la commune, ce canton est déborné à l'est par le chemin vicinal faisant séparation entre *Orvault* et *Sautron*, et au nord par le chemin de traverse de *Nantes* à *Blain* et à *Redon*. Ce domaine, dans son ensemble, contient cinq hectares trente-quatre ares dix centiares ou onze journaux et onze cordes, ancienne mesure de Bretagne. Au printemps de 1839, je fis construire une maisonnette. Elle se composait d'un corps de bâtiment avec deux chambres basses, grenier au-dessus, chambrette à l'orient et toit à porcs ; étable à l'occident, four et fournil à gauche, hangar à droite avec un puits, percé à cinq mètres de profondeur, sur l'extrémité de l'aire[2]. La couverture est en tuiles et repose sur des barrasseaux, en place de lattis, mode de couverture antique, il est vrai, mais indispensable contre l'âpreté du froid, qui règne pendant quatre ou cinq mois sur ce point, le plus éminent, peut-être, de la commune.

reste cette élévation ne pourra surprendre quiconque examine avec soin les deux aubépines, élevées de six mètres, plantées sur la terrasse à l'est, au jardin du Luxembourg, à Paris.

[1] Route, ouverte par le connétable Olivier de Clisson, pour se rendre directement de Nantes à son château de Blain. Il reste un vieux chêne touffu, sur le bord de la route, à l'ouest de la ferme de Malabri, en Orvault. Cet arbre conserve encore le nom de *Chêne de Clisson*.

[2] « Ædificium pro agri merito, et pro fortuna domini, oportet insti- « tui ; quod plerumque immodice sumptum difficilius est sustinere quam « condere. » (Palladius, lib. I, cap. IX.)

Ces constructions étaient à peine achevées que j'y logeai une famille de cultivateurs avec quatre enfants, dont deux seulement d'âge et de force à pouvoir travailler au labourage. Le père, encore jeune et vigoureux, n'avait point d'avances; c'était donc à moi d'y suppléer. Le bail fut conclu sous la condition que je prendrais moitié dans les récoltes, moins les deux premières années sans rétribution. En outre, je m'engageai à nantir cet homme d'un cheptel de onze cents francs. Ce petit mobilier agricole consistait en deux vaches, un cheval, une truie, un verrat, engrais, foin, paille, charrue, charrette, tombereau, herse, brouette, bêche, pelle, pic, hache, pince, serpe, semences, etc.

Nous débutâmes, dans nos travaux, par un semis de Pins maritimes (*Pinus maritima* Lin.), et nous plantâmes un *Brise-Vents*[1] dans une tranchée, creusée en dedans des fossés, au nord-ouest, et au sud-est du domaine. C'était déjà une amélioration, faible il est vrai, mais qui promettait beaucoup pour l'avenir. Aujourd'hui, l'effet en est devenu fort remarquable. Ensuite nous commençâmes notre défrichement à la bêche : c'était un long et rude travail. Le premier champ contenait trente ares vingt-neuf

[1] Un mémoire, fort détaillé sur la transplantation des arbres résineux en mottes, a été lu à la séance mensuelle de la Société académique de Nantes, en 1847. Il est à regretter que ce mémoire, honoré d'ailleurs d'une mention favorable dans le procès-verbal de la séance, n'ait pas été inséré dans les *Annales* de la Société, cette œuvre périodique destinée à recueillir ce qui peut être utile aux intérêts de l'agriculture, les documents qu'il contient et les faits qu'il cite n'eussent-ils eu pour résultat que de tenter de semblables essais, n'auraient pas démérité des éloges qu'ils ont reçus d'abord.

centiares, situé dans un angle, au sud-est du domaine. Lorsque le sol fut écroûté, et les gazons desséchés, on les amoncela à l'effet d'en construire des fourneaux que l'on remplit d'ajoncs et de bruyères pour incinérer les terres et les débris des végétaux. Ce procédé rencontre pour antagoniste un agronome célèbre de nos jours. Sans doute que des terres peu convenables à ce genre de préparations ont pu décourager M. Mathieu de Dombasle sur son exploitation de Roville[1]. Mais, d'un autre côté, l'exemple et les succès de M. de Turbilly, en Anjou, vers le milieu du XVIIIe siècle, et les essais de sir John Sinclair en Écosse, il y a quarante ans, nous avaient porté à imiter cette pratique simple et peu dispendieuse qui rencontre tant de partisans sur plusieurs points de notre Bretagne. L'écobuage, d'après le *Traité pratique et raisonné d'agriculture*, présente de si grands avantages que cette méthode doit être préférée à toute autre, principalement lorsqu'il s'agit de mettre en culture certains sols, tels que les sols substantiels et tourbeux.

Les résultats de nos essais ont répondu à notre attente, parce que nous avons eu soin de suivre une rotation de

[1] Cette méthode très-ancienne, et si vantée par Virgile dans le premier livre de ses Géorgiques :

Sæpe etiam steriles incendere profuit agros,

s'est conservée par tradition sur toute la ligne des Apennins. Elle a été introduite en France vers le XVe ou le XVIe siècle, et cinquante ans plus tard en Angleterre. De nos jours elle est plus ou moins pratiquée dans chaque contrée de l'Europe. Bernard Palissy en a fait mention dans son livre singulier qui a pour titre : *Recepte véritable par laquelle tous les hommes de France pourroient apprendre à augmenter et multiplier leurs thrésors.*

récoltes convenables, autrement le sol fût resté totalement détérioré. Ensuite, nous entreprîmes le défrichement du champ de l'*Épine-Mouffue*, situé au nord-est du précédent et aujourd'hui converti en pré; mêmes opérations de culture que dans le champ précédent. Mais après nous fîmes défoncer à la charrue, à une égale profondeur, de manière à pouvoir mêler le sol inférieur avec le sol supérieur. Sur cette étendue de un hectare quatre-vingt-quinze ares, nous répandîmes seize hectolitres de noir de raffinerie. Cet engrais enfoui, avec la cendre du brûlis, des ajoncs et des bruyères, mêlé en outre à l'amendement qui résultait du nivellement du champ, du mélange des terres, des chaintres et des fossés, produisit une assez forte récolte en blé noir, mais qui fût devenue plus abondante, sans la chaleur extrême et l'inégalité de la température en 1839. Cependant ce rendement approcha de dix hectolitres à l'hectare, rendement très-satisfaisant pour l'année et la localité.

Le défrichement continua, à l'aide d'un second homme, payé à la journée. Une partie du terrain, précédemment semé, fut amendée avec de l'engrais d'étable pour recevoir des semailles de froment et de seigle à l'automne.

Nos fourrages n'étaient pas assez abondants pour nourrir convenablement le bétail au printemps. Je louai aux environs un champ en labour, de la contenance de quarante-cinq ares, destiné à être semé en navets, rutabagas et turneps, nourriture substantielle que l'on donne au printemps, dans le dessein de refaire les bestiaux fatigués par les privations de l'hiver.

De novembre en avril, le fermier ne devait pas discontinuer le défrichement; telles étaient les conditions du bail. Mais cet homme agit différemment aussitôt que je fus retourné à la ville, vers la fin de l'automne. Habitué au métier de manouvrier, dès qu'il se vit seul, ce fermier se sentit pris subitement de maladie, causée par l'ennui. Pour le remettre, je lui procurai un compagnon de travail qu'il accepta d'abord et qu'il refusa ensuite. Dans le but de metre un terme aux irrésolutions, je voulus lui gager un domestique qui suppléerait aux instants que la maladie retranchait de son travail : détourné par les conseils de ses amis, cet homme fit diverses propositions inacceptables, et de caprice en caprice, il finit par demander la résiliation du bail. J'acceptai immédiatement. Dans cette circonstance, c'était le seul parti à prendre, je me trouvai en perte sur les travaux de défrichement mal exécutés et que j'avais payés à raison d'un franc l'are; et sur le cheptel; c'était une perte de sept cents francs. Dans le cours d'une année, tout était en décadence, malgré mes soins et ma surveillance continuelle. Enfin, j'étais à l'instant de voir réduit à néant mon cheptel, et peut-être forcé de recommencer ce défrichement que je voulais donner comme un essai de la culture des landes. Certains préjugés, la routine et le mauvais vouloir, tentaient par toutes les manières d'arrêter mon entreprise. Le fermier ayant vidé les lieux, je tins tête à ces intrigues de village, mais tout en demeurant fort embarrassé.

Je manifestai hautement le projet d'exploiter ce terrain par moi-même. Cette détermination, dès qu'elle fut connue, obtint le résultat que je m'en étais promis, les clameurs cessèrent. Tandis que j'étais plongé dans ces soucis, ces avant-coureurs d'une entreprise d'extrême patience, une honnête famille de cultivateurs qui exploitaient la ferme de la *Glairie,* l'une des dépendances de la terre de la *Briancellière*, en *Orvault*, vint se présenter et me fit des propositions convenables. Elle s'engagea à prendre à bail et de suite la ferme de *Châtillon*. *Orvault*, de tout temps, est en réputation, dans le ci-devant comté nantais, pour former des fermiers actifs, économes, intelligents. C'était bien là ce qu'il me fallait dans cette circonstance difficile. Cependant un seul point aurait pu arrêter mon acceptation. Cette famille composée de dix personnes n'en comptait alors que trois capables de travailler à la terre, le père, la mère et un frère ; les sept autres étaient des enfants dont le plus âgé avait à peine neuf ans. Mes renseignements pris, je consentis un bail de huit ans, la première année sans payer, avec l'indemnité, comme au premier fermier, à raison de cent francs par hectare, coût du défrichement et culture destiné à l'achat de l'engrais. Le prix du bail était de deux cents francs. Trois hectares étaient encore incultes. Ce défrichement fut exécuté dans l'hiver 1840 et au printemps 1841.

A cette époque, les habitants et les propriétaires de la commune demandèrent le partage du canton de la *Vieille-Noë* et du canton des *Boulettes*, situés tous les deux dans la lande des *Tertreaux*. Dans le premier, j'obtins deux hectares dix ares, au sud-est du *Vieux-Moulin*, et soixante-cinq ares dans le second qui est situé non loin du chemin de Blain, au sud du Moulin-Neuf de *Bellevue*[1].

[1] Contenance des terres de Châtillon	5 hect	34	10
Butar au sud-est du Vieux-Moulin	2	10	»
Epinette Magault	»	65	»
	8 hect	9	10

Ces défrichements eurent lieu en 1842, 1843, aux mêmes conditions et pour le même prix que ci-dessus. Je me suis si bien trouvé de ces conditions que je conseille aux propriétaires de pratiquer cette méthode. Elle a fort bien réussi à ceux qui me l'ont enseignée, et il est utile de la faire connaître davantage, dans l'intérêt du fermier sans avances et du propriétaire qui veut employer avantageusement ses capitaux.

Les deux frères Drouet ont été obligés de reprendre sur de nouveaux frais les défrichements du prédécesseur, de remédier à ce qu'ils présentaient de défectueux, le labour n'ayant pénétré qu'à vingt-cinq centimètres, tandis que les nouveaux défrichements pénétraient au delà d'une profondeur de quarante centimètres; le sous-sol mêlé au sol supérieur a produit un effet très-avantageux, qu'on était loin d'espérer sur un fonds de terre alumineuse, fort compacte.

Contrairement à mon opinion, ces cultivateurs ont prétendu que la qualité du reste des landes à défricher ne pouvait comporter ni l'écobuage, ni le brûlis des ajoncs et des bruyères. Ils ont préféré, dans leur pénurie de litières, faire usage des bruyères, sous le bétail, dans l'étable, pour en obtenir une plus grande quantité de fumiers. Cependant en comparant la culture de ces trois hectares à l'hectare quatre-vingt-quinze ares que j'ai fait préparer par l'écobuage et l'incinération mêlés aux engrais, je doute que ce dernier défrichement soit supérieur au premier pour le présent comme pour l'avenir. Au reste, le temps seul peut décider cette question.

Les frères Drouet ont établi un assolement qui convient parfaitement à la qualité du sol. Ils ont semé, sur ce défrichement, d'abord du blé noir, avec engrais pulvérulent; des pommes de terre avec engrais d'étable ; pour seconde récolte, à l'automne, du froment et du seigle, sur forte fumure de fumier d'étable. Après la récolte des céréales, ils ont aussi renversé les sillons qu'ils ont semés en navets, rutabagas, turneps, destinés pour nourriture, ensuite des choux, des pommes de terre, et autres récoltes dérobées, de sorte que les semailles des plantes fourragères occupent chaque année le tiers au moins du sol qui est livré à la culture.

Sur cette modique exploitation, ils avaient commencé leur culture par quatre vaches, un cheval, une truie, de nombreuses volailles. C'était tout autant qu'il en fallait pour débuter et pour réussir.

Le champ de l'*Épine-Mouffue* étant mis en bon état de culture, et la terre, surtout, bien amendée, fut, en 1846, converti en prairie. Ce champ, qui contient un hectare quatre-vingt-quinze ares, est situé sur la partie la plus inclinée du domaine, où il reçoit les eaux des terrains supérieurs, avec les purins de l'étable, de l'écurie, et les égouts du toit à porcs. On peut estimer, sans crainte d'erreur, que cette prairie produira de sept à huit mille kilogrammes de foins, si elle est bien amendée, irriguée, et recouverte de terreau, vers la fin de l'hiver. Mais on ne peut calculer la récolte actuelle que de trois à quatre mille kilogrammes seulement.

Grâce à l'activité et aux soins de cette nombreuse famille, nos travaux se sont multipliés avec le plus grand succès. Le proverbe de toutes les nations et de tous les siècles, s'est vérifié de nouveau sur ce petit coin de terre.[1] Aussi, me suis-je toujours empressé d'aller au-devant de leur bonne volonté. Sous leur direction, j'ai fait planter des haies et des plançons de Saules-Marceaux à l'entour du pré de l'*Épine-Mouffue*, qui ont fort bien réussi. Ils ont planté également un cordon ou *rabine* de Châtaigniers, en dedans du fossé, bordant le chemin vicinal qui sépare *Orvault* et *Sautron*. Dans le champ entouré de Pins, à l'angle sud-est du domaine, nous avons fait planter un verger, une pommeraie d'arbres à cidre et à couteau. Sur le revers du fossé, en face du chemin de traverse de *Nantes* à *Blain*, nous avons planté des Chênes, des Frênes ; dans le jardin, nous avons fait établir des arbres fruitiers à noyau et à pépin. Ils ont fort bien prospéré. Depuis que cette famille occupe la ferme, les ravages qui avaient lieu la nuit, dans mes plantations de Pins maritimes, ont entièrement cessé.

Comme une digne récompense, capable d'entretenir cette activité et ce zèle, si avantageux aux fermiers et aux propriétaires, j'ai plusieurs fois confié aux soins des frères Drouet, l'essai des divers engrais pulvérulents que les inventeurs m'avaient remis en 1842, 1843, tels que l'engrais de notre collègue, M. *Esmein* aîné ; l'engrais de M. *Émile Favre*, de Nantes ; l'engrais de M. *Aubray*, chimiste au Loroux-Bottereau (Loire-Inférieure) ; l'engrais de M. *Ducoudray*, de Paris ; enfin, la substance fertilisante exportée des îles de la mer du Sud, et qui a si bien réussi, en France et en Angleterre, sous le nom de *Huano*, pour son succès hors ligne, expérience dont j'ai

[1] « C'est aux nombreuses familles, a dit *Hésiode* dans son poëme des *Travaux et des Jours*, que Jupiter prodigue ses immenses trésors. »

rendu compte, dans le temps, en présentant plusieurs rapports très-étendus devant la section de l'Agriculture, du Commerce et de l'Industrie de votre Société, qui m'avait chargé de surveiller l'épreuve de ces diverses substances, en me priant de lui faire connaître quelles espérances l'agriculture pouvait attendre des unes et des autres pour l'avenir.

Indépendamment de la culture des champs, les deux frères se livrèrent à l'élève du bétail, à l'éducation des volatiles domestiques, et à la culture des abeilles. Le rucher établi depuis cinq ou six ans a multiplié les essaims d'une manière singulière. Placé dans un champ entouré d'arbres résineux, la terre semée chaque année, pour une portion en blé noir, défendu par des haies garnies d'Ajoncs, d'Épines blanches, de Saules-Marceaux, d'Acacias et de fleurs à suaves odeurs, préservé des vents du nord et de l'ouest, ce rucher ne peut être dans une situation plus favorable. Le matin, il est réchauffé par les rayons du soleil, et le soir il est protégé par les ombrages des arbres et de la haie. Le nombre des ruches n'est que de trente, mais cette croissance est loin de s'arrêter. Ces essaims peuvent donner en ce moment à l'apiculteur un bénéfice annuel de cent vingt francs, rente facile à toucher, qui ne demande nuls frais, sinon quelques instants de surveillance, chaque jour. Le fermier intelligent, qui habite à peu de distance d'une ville grande et populeuse, doit retirer facilement le prix de son fermage par la vente quotidienne des menues denrées du domaine, telles que fruits, légumes, laitages, beurre, volailles, etc., etc. Grâce à ce système d'une extrême économie, que les plus industrieux ont l'art de mettre en œuvre et de transmettre à leurs enfants, la ferme leur reste *franche,* suivant leur expression, c'est-à-dire que les céréales, le cidre, le vin, la tonte des brebis, les engrais, la croissance des attelages et du bétail, leur restent en totalité comme salaire des travaux, nourriture et entretien de la famille. C'est une manière d'administrer l'économie de la maison qu'on ne saurait trop propager et pour l'avantage du fermier et pour l'intérêt du propriétaire.

D'un sol naguère inculte nous avons fait un sol cultivé, productif, dans le cours de quelques années. Si nous comparions la valeur primitive du terrain à la valeur actuelle, par suite de nos travaux, nous trouverions encore un bénéfice notable, capable de stimuler les propriétaires à défricher les landes et les terres vaines et vagues.

Si cette culture continue de prospérer (les précédents doivent le faire penser), l'opération de ce défrichement pourra obtenir un succès qui ouvrira les yeux aux plus incrédules. Cette opinion, pour l'instant, si elle est loin d'être partagée par la généralité des propriétaires, n'en est pas moins prise en considération par une certaine partie des cultivateurs les plus expérimentés. Qui ne sait qu'un hectare sous lande ne peut produire qu'une rente de dix francs au plus, tandis que ce terrain mis en culture par un labourage intelligent et par de bons engrais, peut donner facilement un revenu triple et quadruple ?...

Est-ce l'effet de nos exhortations, est-ce l'effet de nos essais de culture, est-ce toute autre cause, qu'importe !... il est certain qu'un mouvement d'améliorations s'est opéré depuis dix-huit ans dans l'agriculture de notre commune. Aujourd'hui, non comme autrefois, les habitants et les propriétaires n'hésitent plus à tenter les défrichements sous landes et sous bois , et même à construire des bâtiments assez dispendieux pour l'exploitation de leurs champs. Les citations ne nous manqueront pas, et pour nous c'est un devoir de signaler à leurs concitoyens ceux qui ont bien mérité de la commune par ces utiles travaux.

D'abord, nous nommerons M. Giroux, en 1835, alors propriétaire de la terre du *Bois-Thoreau,* et son gendre M. Vignard, qui continue l'exploitation des terres incultes de ce domaine.

En 1838, M. Théodore Mollière, fabricant de plomb à giboyer, qui achète quelques hectares de landes, auprès de la *Croix de la Prieure*, à l'ouest de *Beau Soleil*. Sur ce terrain, qui borde la grande route de Nantes à Audierne, il bâtit, enclôt, cultive et plante.

Après, en 1840, nous citerons M. Galbaud Dufort, propriétaire de la terre du *Fief*, qui fait écroûter et mettre en culture une assez grande étendue de terrain, au sud et à l'est de l'étang.

En 1842, c'est à peu près toute l'étendue du canton des *Tertreaux*, région du nord, région du sud, qui est labourée avec un certain succès.

C'est, en 1843, M. Robert Poulain des Dodières, maire de la commune, devenu propriétaire de la terre du *Bois-Thoreau*, qui défriche plusieurs champs immenses, le long de la grande route et construit deux fermes à peu de distance l'une de l'autre. Dans la partie de l'est, un défrichement de vieux taillis s'opère, sur la colline à droite du *Cens*, et le propriétaire y fait bâtir une maison avec de vastes ménageries capables de loger plusieurs familles et un nombreux bétail[1].

Sur la terre de la *Trourie* et au village de la *Trimossière*, c'est M. Jean Cormerais ; cet ancien négociant fait cultiver et construire dans une étendue de terrain assez considérable.

M. Dufresne, ancien magistrat, fait défricher, non loin de la *Chapelle de Bongarand*, ses terres non closes, situées à l'entour de sa propriété, sur la pente, auprès du ruisseau du *Gué de Rieux*.

Au *Beau-Soleil*, M. Foucaud, jeune agriculteur, achète des terres sous landes et les fait cultiver, enclore et planter.

Une multitude de petits propriétaires, cultivateurs par état, se livrent avec ardeur à l'exploitation de leur modique domaine, et pour le succès de ces travaux, aucune dépense n'est épargnée.

Enfin, le partage des landes du ci-devant *Prieuré* de Notre-Dame de *Bongarand*, partage long, compliqué qui s'opère en ce moment devant le tribunal civil à Nantes[2], promet à la population de *Sautron*, sous peu d'années, des travaux continuels et une aisance qui la mettront en posi-

[1] La ferme du *Grand-Bois*, domaine qui appartient à l'auteur de ce mémoire.

[2] Ce partage est enfin terminé, après huit ans de procédures et de frais nombreux, en première instance et devant la cour d'appel de Rennes, grâce aux soins persévérants de trois propriétaires, MM. Philippe Beaulieux, avocat à Nantes; Amazan Galbaud Dufort, chef de bataillon du génie à Coulommiers, et Alfred Walsh, propriétaire au château de Serrent, auprès d'Angers.

tion de ne plus vivre de cette vie, en quelque sorte précaire, comme elle a vécu jusqu'à présent.

Si, dans cette œuvre lente, après plus de trente ans de luttes, de tentatives fréquentes, de travaux multipliés, nous avons pu réussir, et par notre exemple et par nos discours, à convaincre seulement quelques laboureurs du voisinage, et à hâter le défrichement de quelques hectares de plus, nous déclarons hautement, dans notre modestie, que nous nous considérons comme très-heureux de ce premier succès : mais nous déclarons, derechef, que nous serons plus heureux encore, lorsque les habitants et les propriétaires auront obtenu un second succès en achevant de mettre en culture ces immenses terrains jusqu'à présent inutiles, et dont les récoltes variées pourront servir, un jour, à l'entretien, au logement et à la nourriture de plus de cent familles ; car, là où se rencontrent largement les moyens d'existence, le nombre des membres de la société tend rapidement à s'accroître et à prospérer.

Paris, 15 février 1851.

FIN.

www.ingramcontent.com/pod-product-compliance
Ingram Content Group UK Ltd.
Pitfield, Milton Keynes, MK11 3LW, UK
UKHW021041180726
13838UKWH00004B/1942